# PETIT GUIDE

A L'USAGE

## DES BAIGNEURS

DE

# LA LÉCHÈRE-LES-BAINS

## EN TARENTAISE

*(Savoie)*

———◦❊◦———

Historique des sources hyperthermales

Description de la vallée

## MOUTIERS

IMPRIMERIE CANE SOEURS, ERNEST GARNET, SUCᵣ

———

1897

# PETIT GUIDE

## DE

# LA LÉCHÈRE-LES-BAINS

## *En Tarentaise (Savoie)*

# PETIT GUIDE

A L'USAGE

## DES BAIGNEURS

DE

# LA LÉCHÈRE-LES-BAINS

EN TARENTAISE

*(Savoie)*

### Historique des sources hyperthermales
### Description de la vallée

## MOUTIERS

IMPRIMERIE CANE SŒURS, ERNEST GARNET, SUC'

1897

# Etablissement Thermal

## DE

# LA LÉCHÈRE-LES-BAINS

ALTITUDE 420 MÈTRES

### Saison du 1er Mai au 15 Octobre

———··∞··———

## INDICATION THÉRAPEUTIQUE

La Léchère-les-Bains (le Louèche français), eau minérale et thermale 56 degrés.

Nervosisme, neurasthénie, palpitation du cœur sans lésion, névralgies diverses, névroses. (hystérie, chorée de Sydenham) congestions et irritations de la moëlle épinière. ataxie locomotrice à la période douloureuse, etc. ;

Dermatoses chroniques ;

Manifestations du rhumatisme chronique, articulaires ou abarticulaires.

## TRAITEMENT

Le traitement par les eaux de la Léchère-les-Bains comporte leur absorption en boisson et leur application sous toutes les formes hydrothérapiques bains, douches, piscines.

## SERVICE HYDROTHÉRAPIQUE

L'établissement thermal est ouvert de 5 heures à midi et de 2 heures à 6 heures et demie du soir.

## TARIF DES BAINS ET DOUCHES

Bain ordinaire (classe unique) . . . . . . **1 25**
Douche écossaise. . . . . . . . . . . **1 50**
Douche froide . . . . . . . . . . . **1 25**
Douche spéciale interne . . . . . . . **1 » »**

## LINGE SUPPLÉMENTAIRE

Peignoir . . . . . . . . . . . . . . **0 25**
Serviette . . . . . . . . . . . . . **0 10**
Caleçon. . . . . . . . . . . . . . **0 15**

## POSITION GÉOGRAPHIQUE

La station de La Léchère est desservie par les gares de Notre-Dame de Briançon et d'Aigueblanche du chemin de fer Chambéry-Albertville-Moûtiers.

# ITINÉRAIRE

*Chemin de fer P. L. M. (ligne d'Italie), station d'Aigueblanche*

| DÉPART DE | | | Arrivée à St-Pier.-d'Albig | Arrivée à ALBERTVILLE | Arrivée a AIGUEBLANCHE |
|---|---|---|---|---|---|
| PARIS. | rapide. . . | 7 25 s. | 6 30 m. | 7 25 m. | 8 40 m. |
| | express . . | 9 05 | 10 59 | | |
| | omnibus . . | 2 15 | 10 59 | | |
| LYON (Perrache). . . | | 5 20 m. | 10 59 | 11 55 | 1 28 s. |
| GENÈVE.. . . . . . | | 6 23 | 10 59 | | |
| VALENCE . . . . . | | 5 05 | 10 59 | | |
| GRENOBLE. . . . . | | 8 50 | 10 59 | | |
| TURIN . . . . . . | | 2 20 s. | 7 41 s. | 7 49 | 9 56 |

LONDRES *(Charing Cross)* dép. à 11 h. m. — PARIS, arr. 7 h. soir

Nota. — A partir du 1er juillet un train partira de Chambéry à 3 h. 46 s. de Saint-Pierre-d'Albigny à 4 h. 45 s. ; d'Albertville à 5 h. 50 s. ; arrivée à Aigueblanche à 6 h. 36 s.

# HISTORIQUE

SUR LES

# EAUX DE LA LÉCHÈRE

La Léchère est située sur les rives de l'Isère, dans la vallée d'Aigueblanche, à 6 kilomètres de Moûtiers et à 21 d'Albertville. Son nom *Letsire, Letsu* rappelle le lieu où les chamois, paissant dans la montagne, venaient lécher le salpêtre et boire une eau légèrement salée suintant des rochers.

Une tradition assez vague, et, par suite, fort douteuse, rapporte qu'il y a environ deux siècles, une source chaude jaillit, au bas de la forêt de Saint-Oyen, d'après les uns, et près du château des comtes de Flumet, d'après les autres. Après avoir coulé quelque temps, elle disparut.

Les vieillards du pays se souviennent fort bien de la crainte que leurs pères éprouvaient pour la sécurité de leurs enfants du tourbillon qui existe encore dans l'Isère (rive-gauche) en face de l'étang ; aussi leur recommandaient-ils de ne jamais venir se laver dans cet endroit. On y remarquait une espèce de puits naturel où l'eau était sensiblement plus tiède qu'ailleurs. Vers 1850, un trou mesurant à peine un mètre de diamètre et d'une profondeur inconnue s'était formé dans le pré qui occupait la place de l'étang actuel, en face des sources, à la distance d'environ 2 ou 3 mètres de la berge. Les enfants du village, malgré la défense paternelle, y venaient jeter des pierres.

Tous ces phénomènes inexpliqués impressionnaient les habitants du hameau, et chacun se demandait ce qui pouvait les occasionner.

Dans les premiers jours du mois de mai 1859, le nommé Martinet, de La Léchère, se trouvant, par un temps calme et serein, vers quatre heures du soir, à environ soixante mètres de la rive gauche de l'Isère, entendit sous ses pieds un bruit semblable à celui qui serait produit par une cascade ou une avalanche. Ce bruit dura environ un quart d'heure. Le même jour, à neuf heures du soir, un double effondrement se produisit, à la même minute, avec un bruit pareil à celui du tonnerre, sur la rive gauche et sur la rive droite de l'Isère, donnant naissance à deux étangs d'eau tiède.

Pendant 18 ans, personne ne parut s'occuper des conséquences de ce phénomène. On constata néanmoins que l'étang de la rive droite, dont l'eau était primitivement plus chaude, perdit sa thermalité et se prit de glace durant les hivers rigoureux. Au contraire, celui de la rive gauche devint successivement plus tiède et finit par atteindre 25° centigrades. Si l'on en croit certaines personnes digne de foi, cette augmentation de température serait due à l'explosion de cartouches de dynamite provoquée dans le fond de l'étang.

Devenu, en 1888, acquéreur des sources et des terrains avoisinants, je fis forer deux puits instantanés, l'un dans le lit de l'Isère, et l'autre sur la berge de la rive gauche. Il en jaillit une eau accusant 53 à 54° centigrades, qui, analysée à l'Ecole des mines de Paris, contenait les principes minéralisateurs suivants :

| | |
|---|---|
| Silice. . . . . . . . . . . . | 0 0050 |
| Bicarbonate de chaux . . . . . | 0 1940 |
| Sulfate de chaux . . . . . . | 1 5250 |
| Sulfate de magnésie . . . . . | 0 1380 |
| Sulfate de soude . . . . . . | 0 5500 |
| Chlorure de Sodium . . . . . | 0 1350 |
| Chlorure de lithium . . . . . | traces faibles |
| Matières organiques . . . . . | traces |
| Oxyde de fer. . . . . . . . | traces |
| Total . . . . . . . . . . | 2 5470 |

Cette minéralisation, jointe à une thermalité très élevée, donne aux eaux de La Léchère, une action étendue et énergique contre les affections rhumatismales, les maladies de la peau, du système nerveux et des voies urinaires.

Après sept années d'étude, des travaux préparatoires de sondages superficiels, un essai infructueux d'épuisement du lac par une pompe à vapeur débitant 3.000 litres à la minute, des travaux de captage commencés en juillet 1895, viennent d'obtenir un heureux résultat.

Quatre puits artésiens profonds de 22 à 30 mètres, traversant les alluvions de l'Isère donnent naissance à un flot jaillissant d'eau brûlante, ayant à sa sortie, la température de 56° centigrades. Le débit actuel peut-être évalué à plus de un million de litres par 24 heures. L'avis unanime est, qu'avec cette source presque bouillante, diverses autres sources froides dont une est sulfureuse, dans une vallée aussi belle que pittoresque, une société intelligente doit réaliser une station thermale de premier ordre.

Un établissement provisoire vient d'être construit; il permet de donner des bains et des douches. Les effets déjà constatés sont surprenants.

La Léchère, le 1er août 1897.

RULLIER.

# LA LÉCHÈRE

—∽∾∾~—

## DESCRIPTION DE LA VALLÉE

La vallée d'Aigueblanche, où sourdent les eaux hyperthermales de La Léchère, est située dans les Alpes françaises, au centre des contreforts inférieurs du massif du mont Blanc et des vastes glaciers de La Vanoise. L'Isère la baigne du sud-est au nord-ouest. Cette rivière, qui sort du glacier de Galise, dans le massif du mont Iseran, se précipite torrentueuse dans la direction du nord-ouest jusqu'à Bourg-Saint-Maurice, de là vers le sud-ouest jusqu'à Moûtiers. Après un parcours de 80 kilomètres, elle entre dans la vallée d'Aigueblanche avec une allure plus calme et devient flottable.

Le touriste, qui remonte son cours, sur la route nationale, traverse la charmante Albertville et contemple successivemeat : la situation pittoresque de

Conflans, ses vieux châteaux, ses portes gothiques, ses murs d'enceinte ; les restes imposants des tours de Chantemerle, ancienne propriété des archevèques de Tarentaise ; les ruines bien conservées du châ- teau d'Esserts-Blay, construit en 1301 par Aymeric d'Avallon et ayant appartenu à la famille Du Verger ; plus loin, au-dessus de Saint-Paul, à mi-mont, le château de la famille d'Avallon ; la roche de Cevins, barrant la vallée, où s'élève un sanctuaire dédié à N. D. des Neiges et où l'on remarque les ruines d'une maison seigneuriale ayant appartenu à la noble famille de Crescherel.

Au delà de Cevins, les montagnes se resserrent, formant un étroit défilé jusqu'au plateau de Feissons ; la route longe la rive droite de l'Isère et suit ses méandres capricieux. Le château, qui domine le vil- lage et dont la construction remonte à l'époque sarra- zine offre encore au regard son donjon découronné et ses murailles démantelées.

A quelques centaines de pas du village, nous admirerons la cascade de Pussy. Le torrent descen- dant du mont Bellachat, se précipite d'un étroit chenal dans la fente arrondie d'un rocher à parois verticales ; ses eaux écumantes, blanches comme du lait, tombent d'une hauteur de 150 mètres dans un bassin qu'elles se sont creusé dans le granit. C'est beau, c'est grand, c'est superbe ! Aux rayons du soleil, les effets sont féériques.

La vallée se rétrécit de nouveau, les rochers se redressent perpendiculaires comme des murailles en ruines ; il n'y a plus que la route et la rivière éclairées par un petit coin du ciel. L'aspect est étrange, sauvage, tourmenté. A gauche, c'est la cascade bien connue de N. D. de Briançon. Elle est formée par le torrent de Glaise, dont les eaux abondantes, tombant de roches en roches, rebondissent. écument, se pulvérisent, se transforment en nuages légers, aux formes capricieuses, le tout avec un bruit assourdissant. C'est vraiment un beau spectacle que l'on voudrait contempler de plus près et de plus haut ; mais dans ce couloir abrupt toute ascension est impossible. Voici la pittoresque église de N. D. de Briançon dominée par le rocher à parois-murales sur lequel se dressait, il y a trois siècles, le château fort des nobles sires de Briançon. On voit encore des pans de mur continuer la roche. La gorge profonde en demi cercle, d'où s'échappent les eaux rousses du torrent de Celliers, lui servait de-fossé naturel de ce c      t d'un pittoresque saisissant. Vrai nid d'aigle, on ne pouvait pénétrer

dans ce sombre castel que par un escalier de 300 à 400 marches établi dans le couloir qui regarde l'Isère.

Ce lieu est célèbre dans l'histoire du pays par les démêlés du vicomte de Briançon avec son suzerain l'archevêque comte de Tarentaise, la prise du château par le comte de Maurienne Humbert II, le renforcé, en 1082, et enfin sa démolition par le connétable de Lesdiguères.

Là se termine le défilé. Les rochers s'écartent, s'abaissent, les montagnes s'arrondissent, le paysage s'éclaire ; c'est la vallée d'Aigueblanche, le jardin de la Tarentaise, qui s'ouvre devant nous.

Au premier regard, elle affecte la forme assez régulière d'un amphithéâtre ovale, de vaste dimension. La rivière coule tranquille au bas, se dirigeant vers le nord-ouest, et, par deux courbes successives et opposées, contourne gracieusement la verte colline de Grand-Cœur et les alluvions récentes du Morel.

De chaque côté, les montagnes s'élèvent en pentes douces, échelonnées de plateaux charmants, où sont bâtis de nombreux villages ; puis elles se redressent, couvertes de forêts, ouvrant les vallées latérales de Nâves et de la Madeleine, pour se terminer, à plus de deux mille mètres d'altitude, en pointes aigües, dômes gazonnés, crètes dentelées, d'un effet remarquable.

De bas en haut, tout est verdure ; verdure intense ; verdure qu'on ne voit pas ailleurs dans les Alpes. Prairies, champs, vignes, forèts reposent agréablement le regard. On dirait une fraîche pelouse. Les rochers eux-mèmes sont tapissés de mousses épaisses et d'arbustes qui croissent dans leurs anfractuosités. Rien de disparate, de heurté, de sinistre ; l'aspect général est riant ; le pittoresque imposant des défilés eux-mèmes qui y donnent accès, est plein de charme et d'harmonie. On peut dire que c'est un immense parc où il ne manque que les avenues sablées, les corbeilles de fleurs rares et les massifs de plantes tropicales.

Au sortir du défilé de Briançon, apparaît, sur les deux versants de l'Isère, à l'altitude de 420 mètres, le frais et gracieux vallon de La Léchère, image réduite, mais fidèle de la vallée. Exposé au soleil levant, il est garanti des vents du nord par une montagne granitique garnie d'arbustes, qui l'enveloppe du sud-est au nord-ouest, et par la colline de Grand-Cœur qui le domine au nord-est et à l'est.

C'est là qu'une société intelligente va construire,

avec tout le confort moderne, un élégant établissement thermal, de vastes piscines, des salles d'inhalation, de grands hôtels, d'immenses serres chauffées par les eaux thermales, créer de grands parcs, de beaux jardins, hall, casino, villas, etc.

Du belvédère de l'établissement thermal, les baigneurs pourront, d'un seul coup d'œil, embrasser toute la vallée. Ils apercevront à droite : les pentes gazonnées de Saint-Oyen, son église blanche et son village sortant d'un bouquet d'arbres fruitiers ; le château, de construction récente, des anciens comtes de Flumet, dont les abords révèlent encore des fossés et des murs d'enceinte ; l'entrée de la vallée des Avanchers et de celle de la Madeleine qui renferment les villages de Doucy, des Avanchers, de Celliers, de Bonneval, de vastes prairies, de belles forêts, d'immenses pâturages ; les brousses sauvages du Morel ; la plaine de Bellecombe où s'élève la tour de Verdun ; le remarquable vignoble de Le Bois dominé au sud par le château du Bourjaillet, et au sud-est par son église perchée sur un roc aux abords difficiles, d'où l'on a une vue superbe ; à gauche, le joli village de Petit-Cœur avec sa vieille tour carré qui commandait la vallée de Nâves et faisait partie du domaine des

barons Du Verger de Saint-Thomas ; Grand-Cœur,
dans une situation exceptionnelle, jouissant de l'air
le plus pur et de la vue la plus étendue, avantages
qui en font une station climatérique privilégiée ; les
riches vignobles de Content, des Lots, de Lachat
au-dessus desquels sont étagés les villages de Villabérenger, Villoudry, Villargerel, Navette et l'arête
ondulée de la montagne du Quermoz ; en face, assise
dans la verdure, la coquette Aigueblanche paraissant
encore protégée par son vieux château du moyen
âge, qui a donné naissance, au xiiie siècle, à l'illus-
tre Pierre d'Aigueblanche, évêque d'Herford en
Angleterre.

Le fond du tableau surtout est remarquable.
Entre le dôme de la Coche et le contrefort inférieur
du Quermoz, on aperçoit, à travers la gorge de
Pont-Séran, la croix de Feissons, la pyramide de
Verdun, plus loin, la dent de Portetta, les rochers de
Plassas, et, dominant le tout, une arête de glace
éblouissante qui ferme l'horizon. C'est la Vanoise,
le Dôme de l'Arpont, dont l'altitude atteint 3600
mètres.

Ce paysage est magnifique, surtout quand le
soleil couchant jette ses derniers feux sur l'immense
glacier.

La vallée d'Aigueblanche, que l'on appelle ra
bientôt la vallée de La Léchère, est aussi salubre
qu'elle est belle. Laissons ici la parole à un Anglais
de passage s'adressant à une personne des plus
illustres familles de la Savoie :

« J'ai voyagé dans toutes les parties de l'univers.
j'ai vu tous les pays, visité toutes les vallées, expé-
rimenté toutes les stations climatériques du monde ;
hé bien ! je vous l'affirme, je n'ai trouvé nulle part
un endroit où l'air fut plus pur et plus léger que
celui de la vallée d'Aigueblanche. Il n'y manque
que des hôtels confortables pour y attirer les touris-
tes en foule. »

# GUIDE

## POUR LES PROMENADES ET COURSES

*Dans la vallée d'Aigueblanche*

A L'USAGE DES BAIGNEURS DE LA LÉCHÈRE

---

## *PROMENADES DE 4 à 10 kilomètres*

**1. Plateau de Bettex** (Les Grangettes) par le chemin sous bois.

Vue superbe sur toute la vallée ; dôme de l'Arpont (3.619) des vastes glaciers de la Vanoise.

**2. Petit-Cœur**, Grand-Cœur, route nationale.

Sentiers fleuris au milieu des prés et des vergers, gorge de l'entrée de la vallée de Nâves, vue sur la vallée des Avanchers; col de la Coche, gorge de Pont-Séran, etc.

3. **Passage du Morel**, chemin dans la brousse des alluvions du torrent, Bellecombe, grande route, pont sous le château de Flumet.

Sentiers pittoresques, vue sur les vignobles d'Aigueblanche et de Grand-Cœur, gorges du torrent Morel ; position pittoresque du château de Flumet.

4. **Notre-Dame de Briançon**, pont neuf sur l'Isère remplaçant un pont du xvi^e siècle, cascade de Glaise, retour par Château-Feuillet.

Usine à produire le carbure de calcium, vue du chemin du Cudray, des ruines du château de Briançon ; paysage d'un pittoresque étrange ; vue des glaciers de La Vanoise.

5. **Ascension du vallon de La Léchère**, chemin du Chènay à Saint-Oyen, descente sur le château de Flumet.

Sur l'arête qui forme le vallon de La Léchère, du côté de Saint-Oyen, on a une vue superbe sur la vallée et sur les glaciers de la Vanoise.

6. **Village de la Contamine**, ascension du rocher du Cudray.

Colonne d'eau de l'usine de carbure de calcium, belle vue sur Petit-Cœur, Grand-Cœur, Villargerel, etc....... fleurs rares, rhododendrons ; effets changeants de lumière sur les roches de Briançon.

7. **Ponceau sur le Morel**, Bellecombe, pont d'Aigueblanche, retour par la route nationale.

A Aigueblanche : vieux château des seigneurs locaux, portes ogivales du moyen âge, fenêtre à stèle fleurdelisée, barreaux de fer forgé saillants, eaux blanches, eaux rousses, etc.

8. **Pont du Morel**, villages des Emptes, du Crey, de la Bottolière, château du Bourjaillet, Eglise de Le Bois, village de Sainte-Hélène et retour par la route nationale, ou le chemin du Morel.

Vue splendide sur la vallée, le défilé de Briançon et, au loin, sur la dent de Cons ; on aperçoit onze clochers.

9. **Château-Feuillet**, ascension de la route du Lautaret, retour par Petit-Cœur.

Vue sur la vallée des Avanchers, Saint-Oyen, Le Bois, La Coche, Aigueblanche, la gorge de Moûtiers.

10. **Petit-Cœur**, ascension et visite du château ruiné ayant appartenu à la famille Du Verger, retour par Grand-Cœur et le pont sur l'Isère.

Sentiers pittoresques dans la verdure, changements d'aspect à chaque détour du chemin, fleurs des champs, etc. Ardoises ayant des empreintes de foùgères argentées.

**11. Grand-Cœur**, Villabérenger, le village des Granges, les moulins d'Aigueblanche et retour par les chemins du Morel.

Bellevue sur la rive gauche de l'Isère et les montagnes de la Madeleine ; à Aigueblanche, acqueduc pittoresque solidifié par la pétrification des eaux blanches, viaduc sur la voie ferrée, paysages charmants.

**12. Chemin de la rive gauche de l'Isère** jusqu'à Feissonnet et retour par la route nationale.

Ruines du château de Briançon, Eglise, cascade de Pussy, cascade de Glaise, paysages divers, etc. .

**13. Grand-Cœur**, Villabérenger , Villoudry, Villargerel, la Croix d'Aigueblanche et retour par Bellecombe.

Vue sur la vallée, le cours de l'Isère ; de la Croix d'Aigueblanche, vue sur la gorge de Pont Séran, le pas de l'échelle, la voie romaine, la chapelle ruinée de Sainte-Hélène.

**14. Pont sur l'Isère**, Aigueblanche, Moûtiers, retour par Pont-Séran, Bellecombe, le Morel.

A Moûtiers, visite à la cathédrale, portail gothique, crypte, autel de gauche, tableau représentant Saint-Pierre II, archevêque de Tarentaise faisant l'aumône de Mai appelée : Pain de Mai. Tombeau des évêques. Vieux cloîtres. Ancienne école des mines. Evêché. Pont sur l'Isère.

**15. Saint-Oyen**, Doucy et retour par le chemin du Chênay.

Très belle vue sur la vallée des Avanchers et sur la vallée d'Aigueblanche. A Doucy, crevasses profondes dans le schiste ardoisier.

## COURSES D'UNE JOURNÉE

**16. Nâves**, Grand-Nâves, chemin de la forêt, plan des heures, Navette, retour par Aigueblanche.

Cette course demande une journée de marche ; elle est de toute beauté. Vue splendide et variée ; le chemin de la forêt est des plus pittoresques. Un hôtel se bâtit à Grand-Nâves et on peut y déjeuner

confortablement. C'est du reste le point culminant de
la course.

**17. Les Avanchers.** Route des Avanchers sur
la commune de Le Bois et retour par le village de
Cornet, descente sur le Morel, ascension au Villaret
de Doucy et retour par Saint-Oyen (5 heures de
marche).

**18. Bonneval.** Route de Notre-Dame de Briançon, ascension de la vallée de Bonneval, Celliers,
passage de la montagne de Doucy, Saint-Oyen,
château du Flumet.

10 heures de marche.

**19. Vallée de la Grand'maison,** ascension de
Notre-Dame de Briançon et retour par Nàves.

Une grande journée.

**20. La Coche.** Route du Bois, ascension de la
montagne de la Coche et retour par Fontaine-le-
Puits, Moûtiers, Aigueblanche.

5 heures de marche.

**21. Ascension de la pointe de Crêve-tête**
par le col de la Coche (2347 m.)

Vue splendide sur les glaciers des Alpes depuis la dent du midi jusqu'aux Thabor et les aiguilles d'Arves, vue des vallées profondes de la Tarentaise. Ce panorama est aussi beau que celui du Mont-Jovet et plus accessible.

Une petite journée.

**22. Ascension du col de la Madeleine,** (1984 m.) Cheval noir (2834 m.).

Vue sur la Maurienne au sud et sur le massif du Mont-Blanc.

Une grande journée de marche.

**23. Ascension du Mont-Bellachat** (2488 m.) par Pussy et retour par Bonneval.

**24. Ascension du col des génisses** et retour. Grande journée.

**25. Ascension du Quermoz** (2304 m.) Grande journée.

**26. Course à Bourg-Saint-Maurice.** Une journée en voiture — voitures publiques ou voitures particulières.

Saint-Marcel, château Saint-Jacques, ancien rocher Pupim. Tunnel du détroit du Saix. Tunnel sur lequel coule une cascade. Brèche de Villette. Saut de la Pucelle. Aime (Axima des Romains), temple romain. Nombreuses inscriptions romaines, église de Saint-Sigismond. — Bourg-Saint-Maurice (Bérgintrum, ville d'origine ligurienne) inscription romaine.

De Bourg-Saint-Maurice on peut continuer le voyage :

1º sur Bonneval, le Crey-Bettex, les Chapieux, le Bonhomme, le plan des Dames, Nant-Boran, Saint-Gervais, Chamonix, retour par Mégève, Flumet, Ugines et Albertville, ou par Cluses, Bonneville et Annecy ;

2º Séez, Petit-Bernard, Pré Saint-Didier, Courmayeur, Col de la Seigne, les Mottets et retour par Bourg-Saint-Maurice ou par Roselend et Beaufort ;

3º Sur Sainte-Foy, les Brévières, Tignes, Val-d'Isère, lac de Tignes, col du Palet, Champagny, Bozel, Brides et Moûtiers.

27. **Course à Brides**, Bozel et Pralognan, passage du col de la Vanoise et retour par la Maurienne.

28. **Course à Saint-Martin de Belleville,** passage du col des Encombres, descente sur Saint-Jean de Maurienne :

**29. Course à Beaufort** par Nâves, le col des
génisses, Arèches, etc.

**30. Ascension du Mont-Jovet** (2565 m.).

**31. Course à Peisey**, mont Thuria, col du
Pàlet et descente par **Champagny, Brides-les-
Bains** et **Moûtiers.**

Moûtiers. — Imprimerie Cane sœurs, ERNEST GARNET. succ.

www.ingramcontent.com/pod-product-compliance
Lightning Source LLC
Chambersburg PA
CBHW070745210326
41520CB00016B/4578